油茶产业应用技术丛书

油茶良种容器育苗技术

袁　军　谭晓风　陆　佳　编著

中国林業出版社
China Forestry Publishing House

图书在版编目(CIP)数据

油茶良种容器育苗技术 / 袁军, 谭晓风, 陆佳编著
. -- 北京：中国林业出版社，2020.9
（油茶产业应用技术丛书）
ISBN 978-7-5219-0799-5

Ⅰ. ①油… Ⅱ. ①袁… ②谭… ③陆… Ⅲ. ①油茶—良种—容器育苗 Ⅳ. ①S794.405

中国版本图书馆CIP数据核字（2020）第175211号

中国林业出版社·自然保护分社（国家公园分社）

策划编辑：刘家玲

责任编辑：刘家玲　宋博洋

出版　中国林业出版社（100009　北京市西城区德内大街刘海胡同 7 号）
http://www.forestry.gov.cn/lycb.html　电话：（010）83143519　83143625

发行　中国林业出版社

印刷　河北京平诚乾印刷有限公司

版次　2020 年 12 月第 1 版

印次　2020 年 12 月第 1 次印刷

开本　889mm × 1194mm　1/32

印张　2.875

字数　80 千字

定价　20.00 元

《油茶产业应用技术丛书》编写委员会

序言一

Foreword

油茶原产中国，是最重要的食用油料树种，在中国有2300年以上的栽培利用历史，主要分布于秦岭、淮河以南的南方各省（自治区、直辖市）。茶油是联合国粮农组织推荐的世界上最优质的食用植物油，长期食用茶油有利于提高人的身体素质和健康水平。

中国食用油自给率不足40%，食用油料资源严重短缺，而发展被列为国家大宗木本油料作物的油茶，是党中央国务院缓解我国食用油料短缺问题的重点战略决策。2009年国务院制定并颁发了中华人民共和国成立以来的第一个单一树种的产业发展规划——《全国油茶产业发展规划（2009—2020）》。利用油茶适应性强、是南方丘陵山区红壤酸土区先锋造林树种的特点，在特困地区的精准扶贫和乡村振兴中发挥了重要作用。

湖南位于我国油茶的核心产区，油茶栽培面积、茶油产量和产值均占全国三分之一或三分之一以上，均居全国第一位。湖南发展油茶产业具有优越的自然条件和社会经济基础，湖南省委省政府已经将油茶产业列为湖南重点发展的千亿元支柱产业之一。湖南有食用茶油的悠久传统和独具特色的饮食文化，湖南油茶已经成为国内外知名品牌。

为进一步提升湖南油茶产业的发展水平，湖南省油茶产业协会组织编写了《油茶产业应用技术》丛书。丛书针对油茶产业发展的实际需求，内容涉及油茶品种选择使用、采穗圃建设、良种育苗、优质丰产栽培、病虫害防控、生态经营、产品加工利用等油茶产业链条各生产环节的各种技术问题，实用性强。该套技术丛书的出版发行，不仅对湖南省油茶产业发展具有重要的指导作用，对其他油茶产区的油茶产业发展同样具有重要的参考借鉴作用。

该套丛书由国内著名的油茶专家进行编写，内容丰富，文字通俗易懂，图文并茂，示范操作性强，是广大油茶种植大户、基层专业技术人员的重要技术手册，也适合作为基层油茶产业技术培训的教材。

愿该套丛书成为广大农民致富和乡村振兴的好帮手。

张守攻

中国工程院院士

2020年4月26日

序言二

Foreword

习近平总书记高度重视油茶产业发展，多次提出："茶油是个好东西，我在福建时就推广过，要大力发展好油茶产业。"总书记的殷殷嘱托为油茶产业发展指明了方向，提供了遵循的原则。湖南是我国油茶主产区。近年来，湖南省委省政府将油茶产业确定为助推脱贫攻坚和实施乡村振兴的支柱产业，采取一系列扶持措施，推动油茶产业实现跨越式发展。全省现有油茶林总面积 2169.8 万亩，茶油年产量 26.3 万吨，年产值 471.6 亿元，油茶林面积、茶油年产量、产业年产值均居全国首位。

油茶产业的高质量发展离不开科技创新驱动。多年来，我省广大科技工作者勤勉工作，孜孜不倦，在油茶良种选育、苗木培育、丰产栽培、精深加工、机械装备等全产业链技术研究上取得了丰硕成果，培育了一批新品种，研发了一批新技术，油茶科技成果获得国家科技进步二等奖 3 项，"中国油茶科创谷"、省部共建木本油料资源利用国家重点实验室等国家级科研平台先后落户湖南，为推动全省油茶蓬勃发展提供了有力的科技支撑。

加强科研成果转化应用，提高林农生产经营水平，是实现油茶高产高效的关键举措。为此，省林业局委托省油茶产业协会组织专家编写了这套《油茶产业应用技术》丛书。该丛书总结了多年实践经验，吸纳了最新科技成果，从品种选育、丰产栽培、低产改造、灾害防控、加工利用等多个方面全面介绍了油茶实用技术。丛书内容丰富，针对性和实践性都很强，具有图文并茂、以图释义的阅读效果，特别适合基层林业工作者和油茶生产经营者阅读，对油茶生产经营极具参考价值。

希望广大读者深入贯彻习近平生态文明思想，牢固树立“绿水青山就是金山银山”的理念，真正学好用好这套丛书，加强油茶科研创新和技术推广，不断提升油茶经营技术水平，把论文写在大地上，把成果留在林农家，稳步将湖南油茶产业打造成为千亿级的优质产业，为维护粮油安全、助力脱贫攻坚、助推乡村振兴作出更大的贡献。

胡长清

湖南省林业局局长

2020年7月

前　言

Preface

湖南位于我国的油茶核心产区，是全国油茶产业第一大省，具有独特的土壤气候条件、丰富的油茶种质资源、最大的油茶栽培面积和悠久的油茶栽培利用历史。油茶产业是湖南的优势特色产业，湖南省委、省政府和湖南省林业局历来非常重视油茶产业发展，正在打造油茶千亿元产业，这是湖南油茶产业发展的一次难得的历史机遇。

我国油茶产业尚处于现代产业的早期发展阶段，仍具有传统农业的产业特征，需要一定时间向现代油茶产业过渡。油茶具有很多非常特殊的生物学特性和生态习性，种植油茶需要系统的技术支撑和必要的园艺化管理措施。2009年《全国油茶产业发展规划（2009—2020）》实施以来，湖南和全国南方各地掀起了大规模发展油茶产业的热潮，经过10多年的努力，油茶产业已奠定了一定的现代化产业发展基础，取得了不俗的成绩；但由于根深蒂固的“人种天养”错误意识、系统技术指导的相对缺乏和盲目扩大种植规模，也造成了一大批的“新造油茶低产林”，各地油茶大型企业和种植大户反应强烈。

为适应当前油茶产业健康发展的需要，引导油茶产业由传统的粗放型向现代的集约型方向发展，满足广大油茶从业人员对油茶产业应用技术的迫切要求，湖南省油茶产业协会于2019年9月召开了第二届理事会第二次会长工作会议，研究决定编写出版《油茶产业应用技术》丛书，分别由湖南省长期从事油茶科研和产业技术指导的专家承担编写品种选择、采穗圃建设、良种育苗、种植抚育、修剪、施肥、生态经营、低产林改造、病虫害防控、林下经济、产品加工、茶油健康等分册的相关任务。

本套丛书是在充分吸收国内外现有油茶栽培利用技术成果的基础上编写的，涉及油茶产业的各个生产环节和技术内容，具有很强的实用性和可操作性。丛书适用于从事油茶产业工作的技术人员、管理干部、种植大户、科研人员等阅读，也适合作为油茶技术培训的教材。丛书图文并茂，通俗易懂，高中以上学历的普通读者均可顺利阅读。

中国工程院院士张守攻先生、湖南省林业局局长胡长清先生为本套丛书撰写了序言，谨表谢忱！

本套丛书属初次编写出版，参编人员众多，时间仓促，错误和不当之处在所难免，敬请各位读者指正。

湖南省油茶产业协会

2020年7月16日

目　录

contents

序言一

序言二

前言

第一章　苗圃地营建技术……1

一、圃地选择……2

二、规划分区……4

三、基础设施……7

第二章　基质制备技术……11

一、原料选择……12

二、原料腐熟……15

三、基质配制……19

四、基质装杯和消毒……22

第三章　砧木制备技术……27
一、种子选择……28
二、层积催芽技术……30
三、起砧……34
四、砧木质量……34

第四章　芽苗砧嫁接技术……39
一、嫁接前准备……40
二、穗条……41
三、砧木……43
四、芽苗砧嫁接……45
五、芽苗栽植……50

第五章　苗木培育技术……55
一、愈合期管理……56
二、揭膜……57
三、除萌……58
四、抹花芽……58
五、除草……60
六、水肥管理……60

七、光照调节……………………………………………………………60

八、大规格苗木培育…………………………………………………61

九、主要病虫害防治…………………………………………………69

十、苗木分级和出圃…………………………………………………69

十一、主要栽培品种的苗木鉴别……………………………………69

第六章　苗木生产经营档案管理………………………………………71

一、需要了解的法律法规及标准……………………………………72

二、油茶苗木生产单位应具备的基本条件…………………………72

三、苗木生产经营档案………………………………………………72

第一章

苗圃地营建技术

一、圃地选择

对于新筹建的油茶苗圃而言，场地的选择非常重要。若场地选址不当，不仅影响苗木成活率和苗木质量，还给苗圃的经营管理带来极大的不便，造成大量的人力、物力浪费。因此，在进行油茶苗圃选址时，必须充分考虑苗圃的自然条件和经营条件。

（一）油茶苗圃的自然条件

油茶苗圃所处位置的自然条件直接关系到育苗的成败，在苗圃选址时必须要充分考察当地的自然条件是否适宜油茶育苗，主要包括以下几个方面：

（1）地形地势

油茶苗圃宜选择地势较高的相对平缓的地带，便于机械耕作和灌溉，也利于排水防涝。油茶圃地的坡度一般以1°～3°为宜，在南方多雨地区选择3°～5°的缓坡地对排水有利，坡度的大小可根据当地的具体条件而定，如土壤质地黏重的地方坡度要适当大些，在沙性土壤上，坡度可适当小些。

（2）土壤条件

土壤是油茶容器苗培育基质的重要组分，适宜苗木生长的土壤是培育优良苗木的必备条件之一。苗圃选址时，最好对土壤pH值等进行测定，油茶育苗理想土壤的pH值要在4.0～6.5之间，保水、保肥和透气性要较好。育裸根苗还要考虑土层的厚度，容器育苗每年育苗需要带走大量的土壤，如果采土的地方太远，无疑会增加育苗成本。当然，如果全部实施轻型基质容器杯育苗的苗圃就可以不考虑这个问题。

（3）水源及地下水位条件

水源可分为天然水源和地下水源，江、河、湖、水库、池塘等都属于天然水源，苗圃地应优先设在这些天然水源附近，并要经常检测这些水源的污染情况；若天然水源不足，则应选择地下水源为苗圃供水。另外，油茶的灌溉用水要求水中盐含量最好不超过0.1%，最高不得超过0.15%，水质最好呈弱酸性，pH值不宜超过7，pH值过高的话，灌溉前要进行相应处理。此外，还要注意远离养猪场等污染源。

（4）气象条件

在进行圃地选择时应当通过当地气象台、气象站或者网络查询了解有关气象资料，主要包括当地的降雨量、最高温、最低温、相对湿度等气候情况；应选择气象条件比较稳定、灾害性天气很少发生、冬季-5℃的天数不超过7天的地区建设油茶苗圃。

（5）病虫害和植被情况

在苗圃选址时，一般都要对当地的病、虫、草害进行调查，了解病、虫、草害的情况和感染程度。病虫害对油茶危害严重、多年生深根性杂草严重的地区，不适宜建圃；若必须在此地建圃，应先对病、虫、草害进行彻底清除，否则将对育苗工作产生不利影响。

（6）远离污染源

圃地要远离污染源，这些污染源主要指砖厂、化工厂、肥料厂、养猪场等产生的空气污染、土壤污染和水污染。

（二）油茶苗圃的经营条件

油茶苗圃所处位置的经营条件直接关系到苗圃的经营管理水平、经济效益以及壮大发展，苗圃经营条件主要考虑以下几个因素。

（1）交通条件

油茶苗圃的位置最好要位于交通方便的主要公路附近，进入苗圃的道路要较好，能承受装载苗木的运输车辆，有利于苗木生产经营过程中生产资料及苗木的运输。

（2）电力条件

现代油茶苗圃的经营管理必须要有充足的电力保障，苗木的浇水、施肥、销售都离不开电力设备，一旦电力供应不上，将有可能给苗圃带来巨大的经济损失。同时基地应当配备柴油发电机等备用电源。

（3）劳动力条件

为了解决苗圃在工作繁忙季节劳动力缺乏的问题，苗圃在选址时要尽量靠近乡村等劳动力较为丰富的地区，这样就可以及时补充油茶育苗需要的劳动力。

（4）技术条件

苗圃一般营建在有育苗技术基础的地方，工人掌握基础的育苗技术，有利于后期的苗木培育。此外，苗圃尽可能与科研单位等建立联系，这样有利于在苗木培育过程中的技术问题得到及时解决，避免不必要的损失。

（5）销售条件

在进行油茶苗圃选址时，要做好市场调查，确定苗木需求的最大地区、品种需求等情况，以免培育的苗木不能及时销售出去。

二、规划分区

确定苗木地址后，要根据生产规模、生产环节等确定圃地面积，随后做好苗圃的规划工作，包括功能分区、建设进度、经费筹措等都需要提前谋划（图1–1）。

图1-1　某苗木培育示范基地规划图

（一）藏种区

油茶容器育苗主要采用芽苗砧嫁接法，需在嫁接前对油茶种子进行沙藏催芽，藏种效果的好坏直接影响到育苗的成败，油茶苗圃应根据自身的规模和生产计划，合理设置藏种区；油茶藏种区应设在地势平坦、排水良好和通风的区域，避免因积水、通风差、病虫危害造成油茶种子腐烂霉变和种子沙藏失败。

（二）嫁接区

油茶容器苗嫁接一般都在室内进行，嫁接区的面积要根据苗圃规模、日嫁接人数、育苗数量确定，位置要选在地势平坦、光照较好和交通便利的地方建设嫁接工棚；另外在嫁接区要选择一处阴凉潮湿、通风的地方，设置穗条和砧木的临时存放区。

（三）培育区

苗木培育区是油茶苗圃的核心区域，应选择集中连片立地条件好、光照充足、通风透气、排水灌溉均方便的地方，保障苗木生长所需的光、温、水、气和养分，营造一个适宜油茶容器苗木生长的环境。

（四）基质加工区

油茶容器育苗需要大量基质，基质加工区主要用于基质原料的存放、发酵、配制、过筛等工序，选择平坦开阔、干燥避雨的区域为佳，同时为节省人力物力，基质加工区应尽量靠近苗木培育区。

（五）水、电、路等的规划

规划好取水水源、生活用水、灌溉用水、灌溉设施的配置等用水问题，规划电路的走向以及主干道、机耕道、步道等，不仅方便苗木培育管理，还要考虑标准规范。

三、基础设施

（一）荫棚

对一般的苗圃来讲，搭建荫棚作为育苗区是较为经济可靠的方法。油茶芽苗砧嫁接一般在每年的4～5月份进行，搭荫棚可以有效降低盛夏季节的棚内温度，防止光照过强或阳光直射对油茶嫁接幼苗造成伤害；可提高冬季的棚内温度，防止幼苗冻害；并起到一定的防风、隔离效果。荫棚棚高一般为1.8～2.1m，支架可采用国标镀锌钢管等材料或者木桩，棚桩间距3m或5m，棚顶及四周用铁丝横拉并扎牢，覆盖遮光度为75%的遮阳网（图1–2）。

图1–2 温室大棚示范图

（二）温室

对资金充足、要求较高的育苗企业，可以建设现代化温室进行育苗。温室是现代化农业生产中较为完善的设施，目前的智能温室已经可以实现自动化灌溉、自动化温度调控和自动化通风技术，再通过二氧化碳施肥、光照调节等技术手段，基本上调控了植物生长所需要的必要因素，可以快速高效营造一个适宜油茶生长的小环境。在油茶苗圃建设温室可以提高育苗的效率，实现集约化生产，降低育苗成本。通过温室调控环境因子，可以提升油茶苗木的成活率、生长速度和苗木质量，缩短苗木的出圃时间；但是建立温室成本投入、技术要求均较高，小规模苗圃不建议建造温室，可用简易大棚代替。

（三）水电设施

在油茶苗圃周围及圃内支路两侧设置排水沟，沿支路方向布设供水系统，推荐苗圃中安装喷灌设施，其中以倒挂式微喷灌为宜；苗圃地的电力系统能满足苗圃正常生产、生活需求即可，最好能购置一套合适的发电机组，以防停电影响苗圃的正常生产、生活，带来不必要的损失。（图1–3，图1–4）

倒挂式微喷灌

人工浇灌

图1–3　苗圃地供水系统

（四）圃地准备

苗木基地规划建设好后，即需要对圃地进行整理，清理圃地的大石块及其他废弃物，然后进行翻耕消毒，并推平压实。

（五）设备准备

苗木培育人工需求量大、季节性强，因此采购部分农机设备对节约成本、提高效率具有很重要的作用。因此，应根据实际情况选择购置部分育苗设备和机械（表1-1）。

图1-4　喷灌设施

表1-1 油茶育苗涉及的部分生产设备

生产环节	设备名称
圃地整理	铲车、轧路机
穗条采集	高枝剪、手锯
育苗基质处理	粉碎机、翻抛机、输送机、搅拌机、烘干机、基质灌装机等
嫁接、播种	嫁接刀、嫁接机、播种机等
苗期培育及环境因子调控	加湿器等温室配套设备、自动灌溉系统、施肥器等水肥一体化设备、施药机等
苗木装卸及运输	拖拉机、运输拖车、起苗器械等

第二章

基质制备技术

基质是苗木生长发育的基础，它是苗木吸收各种营养元素的媒介，同时还对苗木起到固定、支撑的作用，基质是培育油茶容器苗木过程中最重要的因素之一。理想的育苗基质一般应具备以下条件：一是原料充足，便于获取，成本较低；二是拥有良好的理化性质，疏松透气，保水保肥；三是基质要达到弱酸性，pH最好在5～6之间；四是具备一定的肥力，能保证幼苗前期生长的需要；五是重量较轻，便于操作和搬运；六是通过一定的处理，保证基质的清洁卫生和减少基质中的病虫害。基质主要是几种不同物料经过发酵腐熟，按照一定的比例配制而成，分为原料选择、原料发酵、基质配制等步骤，配制好的基质就可以装杯备用育苗。

一、原料选择

（1）泥炭

泥炭是经过若干地质年代演变形成的，又称草炭或泥煤。泥炭的有机质含量超过50%，含氮量在0.6%，降解缓慢，是一种天然有机物；泥炭还具有带菌少、容重小、持水性强及缓冲性强的优点；泥炭还可以调节基质的pH值，是公认的优良天然育苗基质。其中南方地区生产

图2–1　基质原料

的泥炭是油茶育苗的最优选择，目前市面上还有人工泥炭，主要是碳化谷壳等配制的，效果较差（图2–1）。

（2）蛭石

蛭石是由黑云母、金云母、绿泥石等矿物风化或热液蚀变而来，育苗用蛭石均为经高温灼烧形成的膨胀蛭石。蛭石的孔隙度高达95%，含水量在4%～10%之间，含有丰富的K、Ca、Mg等元素，水肥吸附性能较好；育苗用蛭石的主要作用是增加基质的通气性和保水性。

（3）珍珠岩

珍珠岩是由灰色火山岩加热至1000℃，岩石颗粒膨化形成的，通气孔隙53%，持水容积约40%。珍珠岩总孔隙度大、持水量高，主要用于加入小颗粒基质中改善通气和持水性能（图2–2）。

图2–2　基质原料

（4）锯末屑和树皮

锯末屑是木材加工过程中产生的废弃物，来源丰富，有一定的缓冲能力和离子交换能力，但保水能力较差。树皮一定要在完全腐熟后才能使用，与其他基质混合后可以提高树皮的保水、保肥性能（图2–2）。

（5）椰糠

椰糠主要是由椰壳粉碎加工而来，具有良好的孔隙结构，保水、排水能力都比较好，可以部分代替泥炭，pH在6左右，阳离子交换量和电导率较稳定，降解速度慢，无杂草和病害，是一种良好的无土基质（图2–3）。

（6）稻壳

稻壳是稻谷加工的剩余物，在南方水稻产区，每年都有取之不尽的资源，稻壳的可溶性盐含量高，总孔隙度82.5%，与泥炭等持水强而

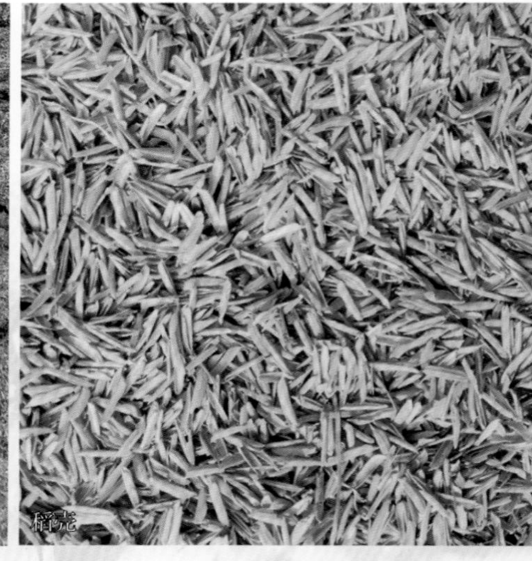

图2–3　基质原料

通气性不良的其他基质混合，可改善基质的性能（图2–3）。

（7）红心土

红心土是地表以下50cm左右的土壤，容重较大，通气性较差，营养物质匮乏，单独使用红心土育苗基质容易导致苗木根系不发达、整体质量差的问题，但红心土呈酸性，不带菌，在实际生产中一般与其他基质混合配比使用，可调节基质的pH值，有利于幼苗的生根。

以上基质是油茶育苗过程中最常用的几种物料，其他可用于油茶育苗的基质原料还有很多，比如秸秆、煤渣等。为减少育苗成本，应根据当地实际条件选取当地比较丰富、成本较低的物料腐熟作为基质。

二、原料腐熟

未经腐熟的基质在条件合适时就会发酵升温导致烧根，产生和释放一些对苗木生长不利的气体和液体伤害苗木的根系。因此一定要对基质进行发酵处理，保证基质完全腐熟，这样才能保证苗木的成活与正常生长发育。

（一）腐熟

腐熟的程序一般包括粉碎、添加发酵菌剂以及氮肥、翻堆等程序。一般来说，为了保证发酵效果以及减少能耗，发酵之前一般要对基质进行粉碎，适宜发酵的物料大小范围在2～15mm之间。风干物料发酵前还须将含水率调至60%左右。很多物料的氮含量都很低，因此粉碎过筛的基质需要添加氮肥调整碳氮比为25：1或者30：1，同时添加EM菌、酵素菌等菌剂提高发酵效率。

图2-4　原料腐熟的过程

发酵在露天或发酵装置内都可以进行。露天进行基质堆沤发酵时，一般采用好氧高温发酵工艺，需要添加微生物菌剂，物料在微生物的作用下开始发酵，堆料物质开始分解同时产生热量。随着堆料温度的升高，有机物被分解，病原菌被杀死，在主发酵阶段要确保氧气和水分充足，每10天左右要进行翻堆一次，如不加控制，堆料温度可达75～80℃，会导致生成基质的利用效率和质量下降。露天堆沤发酵时，特别需要注意的是雨天覆盖塑料膜防水。

很多情况下需要进行后发酵，将主发酵过程中尚未分解的有机物进行进一步发酵，使较难分解的有机物变成腐殖质等比较稳定的有机物，得到完全腐熟的轻基质。后发酵阶段，应及时翻堆、补水，再补充氮、磷肥，盖上塑料布，后发酵过程温度可达到40℃左右，然后降到常温，该阶段反应速度较慢，耗氧量下降，所需时间较长（图2-4）。

经过二次发酵处理的堆料已经完全腐熟，发酵的原料也已基本腐烂变形，体积也有所减少，进行晾晒干燥后即可装杯、装袋，既便于运输也便于储存，基质储存时要注意防潮和防火。

（二）影响农林废弃物发酵的因素

1. C/N比

堆沤和发酵需要一个适宜且相对稳定的C/N比，一般在25～30之间。通常农林废弃物的C/N比较高，发酵过程中需要加入有机氮肥或无机氮肥，常用的有机氮肥有猪粪、鸡粪、牛羊粪等动物粪便；无机氮肥主要有尿素、复合肥等化肥。

2. 微生物菌剂

腐熟过程中加入EM菌、酵素菌等外源微生物可以加快堆料的发酵速度，缩短堆料的腐熟时间，提高基质生产效率（图2-5）。

图2-5　某公司生产的锯末发酵剂

3. 水分

堆制初期物料的含水量要保持在50%～60%之间，大于65%或小于40%都会对发酵产生不利影响。水分过高，物料的通气性不好，会导致厌氧发酵，降低分解速度；水分过低则会导致微生物繁衍和代谢速度变慢。

4. 通气性

堆体内的通气性好，可为微生物提供充足的氧气供给，促进农林废弃物的分解。常见的供氧方式就是翻堆，通过翻动堆料可以有效补充氧气，同时可以使物料均匀一致，使堆料整体的腐熟程度基本一致。

5. 温度

温度的作用主要是影响微生物的生长，适宜高温的菌生长的温度在50～65℃之间，超过65℃微生物的生长活动就会受到抑制，而且温度过高会导致有机质过度消耗。高温耗氧堆沤就是利用高温菌的喜温特点，在适宜的条件下高温菌只需1周多时间就能完成主发酵。

（三）腐熟物料质量把控

农林废弃物经过发酵腐熟后，其中的有机物大部分已经分解，剩余的是一些性能比较稳定、在短时间内不会分解的物质，这些物质虽不能马上为油茶苗木所用，但可为苗木后期生长发育提供养分。需要注意的是基质原料一定要腐熟彻底，这样才不会产生有毒有害物质，同时可以杀灭原料中的病菌、草籽。物料完全腐熟后，要对其生成的基质的EC值、盐分浓度、pH、重金属含量有所了解，有条件时最好要进行理化分析，很多公司、科研机构测试中心均可提供此类检测，根据分析结果对基质发酵进行调整优化，这样才能生产出高质高效、安全环保的育苗基质。

三、基质配制

（一）基质配比原则

1. 成本低

成本问题一直是苗木生产首要考虑的问题，一般除了考虑原料价格的高低，还需要考虑原料的运费问题，效果好但价格较贵的原料在配制时可以降低在基质中的比例。

2. 良好的物理性状

油茶苗不耐涝，因此基质首先考虑其通气透水状况，即基质的容重、孔隙度、空气和水的含量，疏松、保水保肥又透气的基质是最适宜油茶苗木的成活和生长的。

3. 稳定的化学性质

养分、pH、电导率（EC）及缓冲能力等在短时间内不会发生很大的变化，比如油茶苗木生长最适宜的pH在4.5～6.5之间，育苗过程中需要将基质的pH调节在一定范围内。

另外，基质本身不能含有有毒有害物质，采用的配方应该是适应本地区的，最好是在油茶育苗中得到过实践验证的。

（二）油茶育苗常用的基质配方

基质配方是苗木质量的基础，在实际应用时各地都存在差异，下面简单介绍几种常用的油茶育苗基质配方。

（1）泥炭、红心土和珍珠岩

该配方不需要经过发酵过程，是目前育苗单位使用较多的一种配方。通常泥炭的比例为30%～50%，红心土为20%～40%，珍珠岩占

20%～30%，珍珠岩还可以用锯末、谷壳等代替，或者锯末、谷壳、珍珠岩各占10%（图2–6）。

图2–6　某育苗公司用于基质配制的泥炭、锯末和红心土

（2）泥炭、蛭石和红心土

以下基质配方育苗效果也较好，泥炭：蛭石：红心土=（4：4：2）、（5：3：2）、（6：2：2）、（7：1：2）。

（3）泥炭、珍珠岩配方

用泥炭和珍珠岩两种基质混合使用，也具有很好的育苗效果，其中以泥炭：珍珠岩=（6：4）、（7：3）两种配比效果最好，但该配方成本较高。

（4）泥炭、树皮、椰糠配方

将泥炭、树皮、椰糠按1：1：1混合，得到的基质物理性状和化学性状都比较稳定，透气性较好，嫁接苗移栽成活率较高，抽梢也较整齐，适合在海南、广西高温高湿地区使用。

（三）基质配制技术

（1）基质粉碎过筛

装杯前的育苗基质的粒径最好小于0.8cm，使用前要将腐熟的基质打碎、过筛。

（2）基质搅拌

粉碎后的基质按配方加料后要搅拌均匀，可采用人工搅拌或机械搅拌，推荐采用机械搅拌基质。

（3）基质pH调节

基质配制后应将其pH调整到5.0～6.5之间。当基质pH低于5.0时，可

图2-7　基质配制的过程

通过加入酸性土壤调理剂、生石灰、草木灰等化学碱性物质提高基质的pH值；当基质的pH高于6.5时，可通过加入碱性土壤调理剂、硫黄粉、硫酸亚铁、硫酸铝等化学酸性物质降低基质的pH值（图2–7）。

四、基质装杯和消毒

（一）容器选择

用于制作油茶育苗的容器材料主要有两大类，一类是不可降解的、厚度在0.02～0.06mm之间的无毒塑料杯，另一类则是可降解或半降解的无纺布材网袋（安徽安庆生产的比较多），这类无纺布材料还可做成长条状香肠袋，灌装基质后切段，摆盘或者直接摆放在育苗床。培育1年生轻基质容器苗的容器规格要求直径在4.5～5.5cm之间，高度在

图2–8　基质装杯和摆放

基质灌袋（无纺布袋）

灌装好的基质袋

10～12cm之间，2年生苗容器规格9～12cm，高度10～15cm；如培养大规格苗木，则需要更大规格容器（图2-8）。

浸泡

基质袋切段

基质杯摆盘

基质杯摆放进育苗区

（二）容器苗床消毒

移栽前15～20天完成装填基质及容器摆放，摆放容器之前，对苗床和步道进行消毒，可全圃均匀撒施生石灰，每亩45～55kg。也可用波尔多液、石硫合剂等消毒。

（三）基质装杯摆放

装杯时将基质填满基质杯至杯口2～3cm，中间不要留有空隙，将装好基质的容器整齐摆放于容器苗床上（图2–9）。

图2–9　基质的装杯和摆放

（四）基质消毒

将步道上的土壤培好苗床四周，培土高度为容器高度的1/3～1/2，然后用洒花头淋水至容器中的基质充分沉实，再用1‰～2‰高锰酸钾水溶液淋透容器内基质。随即对苗床覆盖农用薄膜，结合修整步道，将苗床四周用土压实，或将土呈点状压在膜上，同时压实苗床两头薄膜于步道中，使薄膜紧贴苗床容器上沿。待需移栽嫁接苗时即可开膜使用（图2–10）。

图2–10　基质消毒与基质盖膜

第三章

砧木制备技术

一、种子选择

（一）油茶果实采收与调制

不同油茶品种的成熟时间存在很大的差异，培育油茶嫁接苗砧木的油茶种子必须在种子充分生理成熟后采收。选择当地油茶树上采集的成熟茶果，将茶果摊放在干燥、阴凉、通风的地方，厚度10cm左右，每天翻动1次，约3～5天后茶果开裂，如有未开裂的果多数是不成熟的，其种子不宜作种用。

油茶果实采摘后要及时进行种实调制，主要包括脱粒、阴干、清除夹杂物、净种等步骤。油茶果实含水量较高，在阳光暴晒下容易失去发芽力，种子取出后应立即进行阴干，不能日晒。种子脱出后剔除空粒、瘪粒、破损粒等不良种子，以及果壳、果柄、枝叶、石块、土粒等杂质，选出饱满、粒大，没有残缺、畸形，没有霉烂和虫害的种子，并进行过筛风净，精选后的种子要存放在阴凉通风处（图3-1）。

图3-1　油茶果实的采收和后期调制

（二）种子贮藏与保存技术

油茶种子经过调制、净种后，因季节、生产计划等因素的影响，不能立即沙藏，需要将种子按一定的方法贮藏一段时间。油茶种子贮藏时，应采用合理的贮藏设备和先进科学的贮藏技术，人为地控制贮藏条件，将种子质量的变化降低到最低限度，最有效地保持种子旺盛的发芽力和活力，从而确保沙藏的发芽率。油茶种子在贮藏期间保持较低的空气湿度是十分必要的，从种子的安全水分标准和实际情况考虑，油茶种子贮藏的空气湿度控制在30%左右、贮藏温度控制在0～4℃为宜；此外，当贮藏仓内的温度、湿度大于仓外时，就应该打开门窗进行通气，必要时可采用机械鼓风换气，使仓内温度、湿度尽快下降。

二、层积催芽技术

（一）种子浸种

油茶种子沙藏通常在采收当年的11月份到次年的2月份进行。经

图3-2　种子浸种与种子消毒

过长期贮藏后的油茶种子含水量明显降低，需要浸种促进种子萌发。油茶种子一般采用清水浸种，即将油茶种子用网袋装好，置于装有清水的大桶或水池中浸泡10h，再将种子取出沥干准备消毒（图3-2）。

（二）消毒

在沙藏之前必须对种子进行消毒，种子消毒不仅可以杀死种子本身所携带的各种病害，而且可以使种子在土壤中免遭病虫危害，起到消毒和防护的双重作用。种子消毒主要有物理消毒和化学消毒两种手段，物理消毒方法包括日光暴晒、温水浸种、紫外线照射等，化学消毒常用的方法有药液浸种和药剂拌种两种方法。油茶种子普遍采用药剂浸种消毒，即用0.3%～0.5%的高锰酸钾溶液或50%多菌灵可湿性粉剂700～800倍液浸泡30min，捞出沥干。

（三）作床

选择地势干燥、排水良好、背风向阳的地方作床。作床前对土壤进行平整、碎土、消毒等工作，杀死土壤中的病虫害，让土壤具备良好的透气透水能力。消毒的方法包括高温处理和药剂处理，油茶沙藏作床普遍采用药剂处理。翻耕前在土壤表面撒上一层生石灰，翻入土壤中的生石灰不仅具有良好的消毒灭菌的作用还能有效调节土壤的pH值。在翻耕整平的床基上，用400～600倍的高锰酸钾溶液喷洒，再用塑料薄膜覆盖密封，暴晒一周左右，即可揭膜作床（图3-3）。

图3-3　作床地点示范

（三）沙藏

沙床的宽度一般在1m左右，四周用砖砌成60cm高的砖墙，底部铺盖20cm厚的粗沙，底层的粗沙主要用于排水和透气，防止种子层积水以及给种子生长萌发提供一定的氧气。沙藏前在粗沙上再铺盖一层10cm厚的细沙，用800倍多菌灵或恶霉灵将沙床浇透，把处理过的种子均匀撒播于细沙上面，种子单层，种子间互不重叠，其上加盖厚为10～15cm的河沙并刮平，再用800倍多菌灵或恶霉灵将种子和沙床浇一遍。如果要撒播第二层种子，在其上加盖厚为10～15cm河沙，表面轻轻压实、刮平即可，播种层数不宜超过2层。种子沙藏好后，立即加盖白色塑料薄膜，用于防雨以及保温保湿；在塑料薄膜上再加盖一层遮阳网，防止阳光直射对沙藏种子造成损害（图3-4）。

图3–4　种子沙藏的步骤

（四）沙藏期间的管理

油茶种子沙藏时间较长，通常为3～5个月，沙藏期间要经常检查沙床的湿度，沙床湿度过大，容易造成种子无氧呼吸，导致种子霉变、发酵死亡；若湿度不够，则种子无法吸收萌发所需的水分，造成萌发困难，已经萌发的种子也会因根系得不到充足的水分而干枯死亡。油茶种子沙藏后，最好每隔7天检查一次沙床的湿度、种子霉变等情况，沙的湿度以“手握成团，松手即散”为宜，沙床过干需喷水保湿。若发现种子有少量霉变，则将霉变种子挑出并喷施1000倍30%恶霉灵或700～800倍液50%多菌灵可湿性粉剂；若种子大量霉变，则需将种子取出重新消毒沙藏。

三、起砧

待到次年嫁接的时期（3～5月），砧木上下胚轴伸长到一定长度，一般种子胚根（主根）长度达8cm以上或胚芽长度4cm以上时，就可起砧用于嫁接了。起砧时，首先卸掉边缘空心砖，依次取砧，当天起的砧木最好当日用完。如果砧木生长过快不能及时用完砧木，砧木已经长出沙层，可以加盖沙子，以免砧木木质化（图3–5）。

四、砧木质量

砧木的质量不仅影响着嫁接成活率、苗木生长、抗逆性、适应性等，还影响造林成活率甚至茶果产量品质。目前对于油茶砧木的质量还没有一个完整的评价体系，主要从砧穗亲和性、外观形态、抗逆性三个方面来评价油茶砧木的质量。

图3-5　起砧

（一）砧穗亲和性

砧木的亲和性直接影响着油茶品种嫁接的成活率，亲和性越好，嫁接成活率也就越高。砧木的亲和性还会影响砧穗的愈合情况，亲和性好的砧木，与接穗愈合快且生长一致；反之砧木的亲和性不好就会出现生长不良的现象，如出现“大小脚”的畸形苗木。因此，在生产上一般用当地的油茶种子做砧木，以保证砧木与良种接穗的亲和性。

（二）砧木外观形态

砧木的外观形态主要包括砧木主根的直度、长度、粗度及须根数，用于芽苗砧嫁接的油茶砧木的主根以长、粗、须根少为好。砧木主根的长度决定了砧木的利用率，主根长的砧木利用率更高；砧木主根的粗度表明了砧木的健壮程度，粗壮的砧木与接穗愈合更好、更快，嫁接成活率自然也会更高。特别需要注意的是出现黑化、腐烂的感病砧木不宜用于芽苗砧嫁接（图3–6）。

（三）砧木的抗逆性

砧木的抗逆性是通过长期驯化而形成比较广泛的适应性，如抗旱、抗涝、抗寒、抗病虫害及耐盐碱等，有选择地利用砧木的某个特殊抗性，可以提高油茶嫁接苗的抗逆性和适应性，因此应当尽量选择当地的品种或者实生造林的种子作为砧木，以保证嫁接苗在栽植地的适应性。

图3-6　砧木外观

第四章

芽苗砧嫁接技术

一、嫁接前准备

（一）嫁接操作间

油茶芽苗砧嫁接一般在室内或者临时搭建的嫁接棚里面进行，嫁接前要对操作间进行清理、消毒工作。嫁接室内光线应充足，通风条件要良好，最好配备一台空调，以便调控室内温度，这样既有利于穗条砧木的短时间贮藏，也可以让嫁接工人在舒适的条件下工作。

（二）嫁接工具和材料

油茶芽苗砧嫁接需要准备的主要材料和工具如下：嫁接操作台、单面刀片、嫁接刀、小木板（10～15cm×20cm）、铝箔（厚度为0.10～0.12mm，剪成长2.0～2.5cm、宽0.8～1.0cm的铝箔条，也有成品售卖）、湿毛巾、塑料筐、竹筐、塑料盆、75%酒精、杀菌剂、标签、记号笔等。其中单片刀和嫁接刀用于处理砧木和穗条，铝箔条的主要作用是固定嫁接苗的砧木和接穗，塑料筐和竹筐主要用于装穗条和砧木，75%酒精和杀菌剂主要用于消毒杀菌，标签、记号笔用于标记嫁接苗的品系和来源（图4–1）。

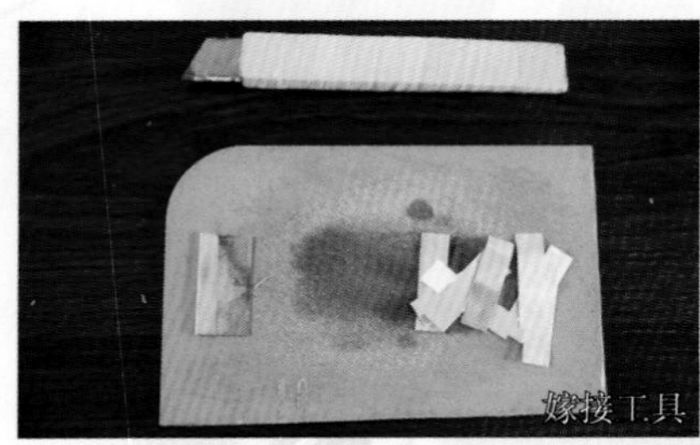

图4–1　嫁接前的准备

二、穗条

（一）穗条来源和采集

用于嫁接的穗条应从林业主管部门审定的油茶良种采穗圃采集，选用《全国油茶主推品种目录》中的品种。从油茶良种采穗圃购置穗条应当注意相关证件齐全，保证穗条质量。

油茶芽苗砧嫁接一般采用4月下旬至5月下旬当年生的半木质化春梢做穗条，在海南、广西等冬季温度较高的地区，也可采用12月下旬至次年2月中旬的半木质化秋梢作为接穗。油茶穗条采集应在阴天或晴天上午10时前、下午5时以后，在无性系（品种）植株的树冠中上部外围，剪取生长健壮充实、芽眼饱满、叶色正常、无病虫害的半木质化秋梢或春梢作为嫁接用穗条。剪取油茶良种穗条时，应用干净、锋利的枝剪将穗条快速剪下，不要损伤穗条的表皮和压裂穗条的髓部。

（二）穗条运输

半木质化的油茶穗条在离开母体后，便无法有效对周围的环境进行适应性调控，运输途中很容易导致穗条品质下降，甚至丧失嫁接活力。因此，运输前必须对穗条做好包装工作，防止穗条因高温、日晒失水失活。穗条采集后，应将带叶穗条放入清水中浸湿，甩干水后，挂上标签，按不同无性系分别装入垫有单层塑料薄膜袋（布）的塑料筐中，面上加盖湿润毛巾、纱布或棉布，并扎紧塑料袋口进行保湿，将穗条迅速运输到嫁接地点。穗条运输前，包装要安全可靠，并对穗条进行编号，填写穗条登记卡，写明穗条的品系、采集地点和时间、穗条的重量、发运单位和时间等，穗条销售凭证和检疫证等证件要放入包装袋内备查。大批量运输油茶良种穗条时，必须派专人押运，到达目的地要立即检查温度等，并及时处理。

（三）穗条保存

穗条运达目的地后，不宜马上用于嫁接，需将穗条置于阴凉处，摊开放置一段时间，让穗条适应新的环境。嫁接前需将穗条用清水冲洗淋湿，这样既可保证穗条在存放期间不失水，又可冲刷掉穗条上附着的害虫和病菌，可以提高油茶芽苗砧嫁接成活率及促进嫁接苗后期的生长发育。采集的穗条最好当天用完，贮存时间越长，油茶嫁接成活率越低，对苗木后期的生长也会造成不良影响。如需短期贮藏，宜将装有穗条的塑料筐置于室内阴凉处，或贮存于0～5℃的冰箱、冷库内，贮藏时间不宜超过5天。也可以将穗条散开，下部插入湿润细沙中保存。

（四）穗条准备

嫁接前将采回的油茶良品穗条放在塑料筐中进行流水冲洗，随后将塑料筐中穗条沥干水分后带回嫁接工作室，用干净的湿毛巾将穗条盖好，备用（图4–2）。

图4–2　穗条准备

三、砧木

（一）起砧

将沙床中带子叶的芽砧轻轻取出，避免碰掉芽苗上的种子和碰断根部，用清水洗净芽砧上的沙子，同时应淘汰畸形砧、病砧或弱砧等劣质芽砧，取出的砧木宜当天用完。

图4-3　起砧和清洗

（二）砧木消毒

将洗净的芽砧放入塑料筐或篮中，浸泡于50%多菌灵可湿性粉剂700～800倍液或70%甲基硫菌灵可湿性粉剂500～800倍液中，消毒4～6min，再将砧木捞起沥干，盖上湿毛巾或湿布保湿，置于室内阴凉处待用。

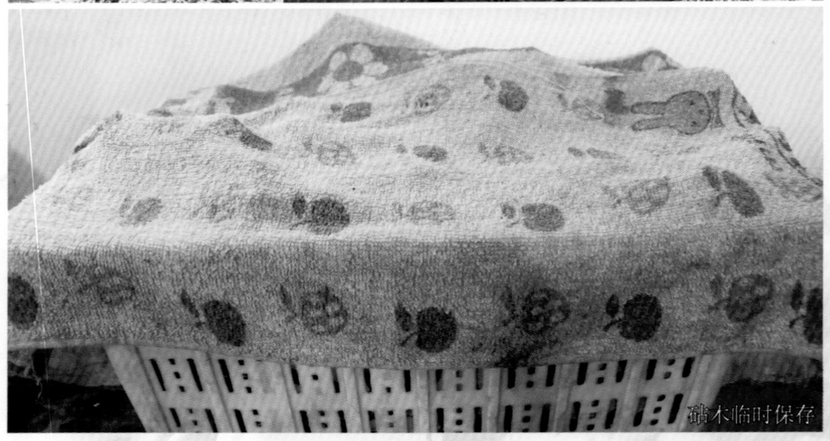

图4-4　砧木消毒与临时保存

四、芽苗砧嫁接

油茶芽苗砧嫁接技术要求较高，一般请专业嫁接工人或者经过培训并合格的人员进行嫁接，湖南攸县、茶陵等地有专门的嫁接队伍，可以到外地从事嫁接工作，如果育苗量比较大，可以雇用。

图4-5　嫁接工人正在嫁接

嫁接的操作方法和步骤如下。

（一）切砧

选择胚轴长度4.0cm、粗度为2.0mm以上的芽苗，平放于小木板上，在砧苗种子着生处上方1.0～1.5cm切断芽苗胚轴，沿中轴纵切一刀，深1.0～1.5cm，然后保留芽苗主根长5.0～8.0cm，切除过长的主根，成为带种子和胚芽的芽苗胚芽段砧木。若芽苗胚轴弯曲、太细、太短或没有胚轴时，将芽苗平放于小木板上，在种子着生处下方

0.5～1.0cm处切除种子和胚芽，留下上端切口处粗度为2.0mm以上的芽苗主根，沿中轴纵切一刀，深1.0～1.5cm；切除过长的主根，保留主根长5.0～8.0cm，成为不带种子和胚芽的芽苗胚根段砧木。切削好的砧木宜于30min内接完，不宜长时间存放；或将切削好的砧木放入装有清水的浅盆中，但浸水时间不得超过2小时。在生产中，为减少幼苗萌条，习惯利用不带种子的下胚轴作为砧木（图4–6）。

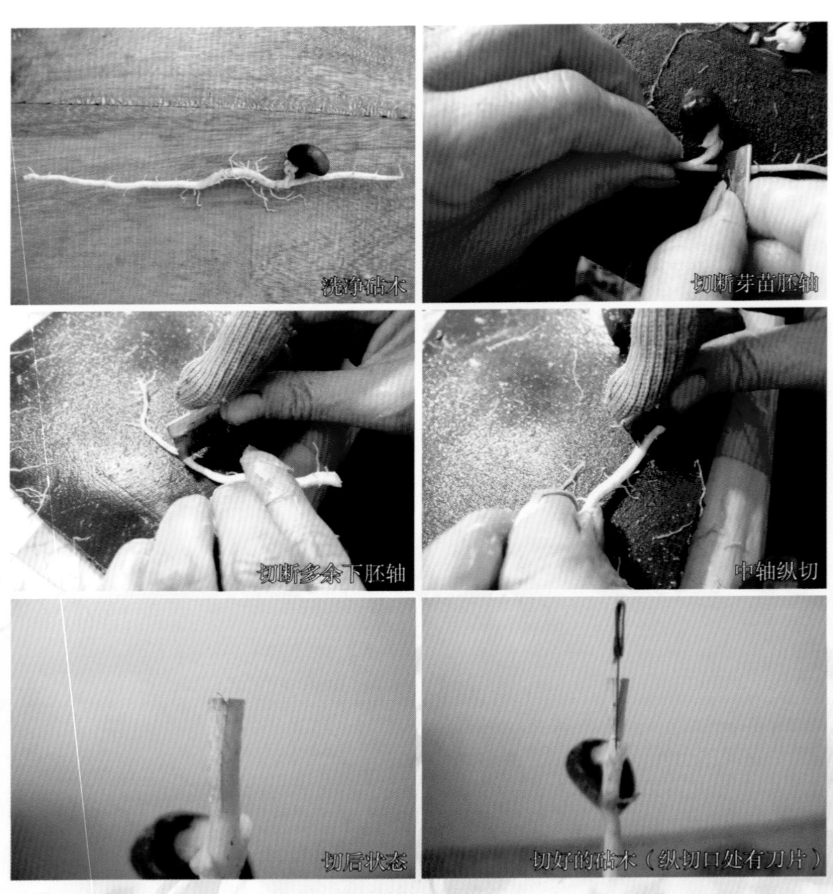

图4–6　砧木的处理过程

（二）削穗

选取粗度在1.8～4.2mm、具饱满腋芽或顶芽的穗条，按一叶一芽切削接穗，带顶芽的接穗可带1～2叶、1～2芽。在腋芽两侧的下方0.8～1.5cm处下刀，分别往下切成削面长1.0～1.5cm，两个削面呈楔形，其末端交汇于髓部；在接穗腋芽上方0.4～1.0cm处切断穗条；当接穗所带叶片偏大时，可切去一半或三分之一，叶片较小的接穗保留完整叶片。可一次性切削接穗20～30个，削好的接穗宜于30min内接完，不宜长时间存放。

图4-7　接穗的处理过程

（三）嵌合与绑扎

选用与砧木切面大小一致、长短相当的接穗，将接穗楔形部位插入芽苗砧纵向切口中，应使接穗楔形部位基部与芽苗砧切口底部紧贴。如接穗与砧木粗细不一致，接穗削面应对齐砧木切口一侧。用铝箔条缚扎砧穗接合部位（嫁接口），将铝箔条对折包裹嫁接口，往顺向捏转，再反向捏紧，使嫁接口结合松紧适当，以手轻拉接穗不脱落、又不损伤砧穗为宜（图4–8）。

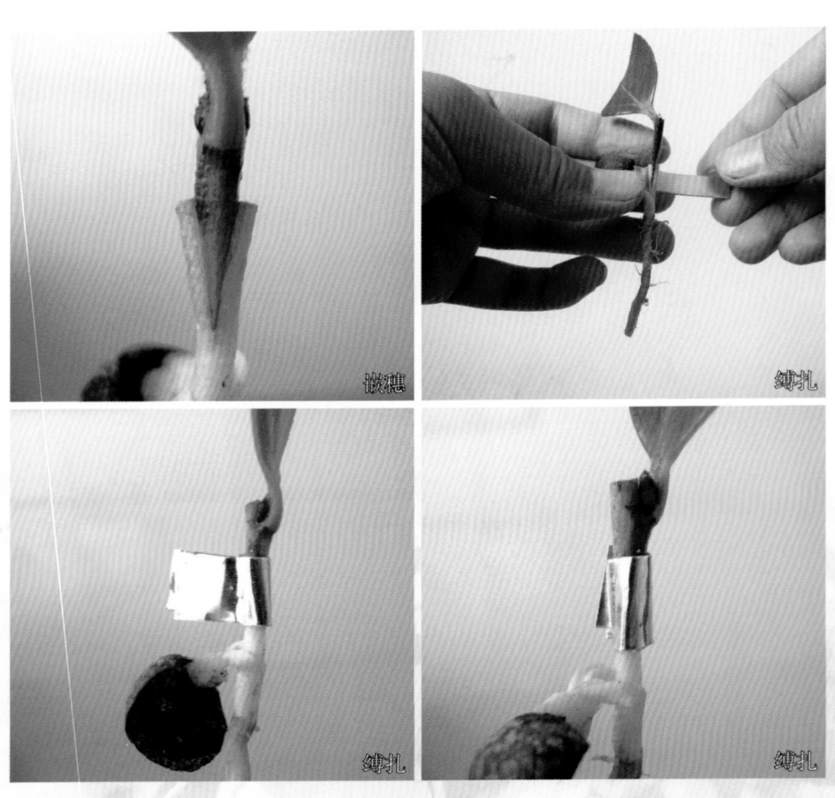

图4–8　嵌合与绑扎

（四）嫁接苗保存和运输

将嫁接苗放入塑料筐或盆中，披上湿毛巾或纱布保湿，置于室内阴凉处，尽快移栽，当天嫁接当天移栽。每筐（或盆）均应附上标签，其上标注品种名称、嫁接日期等内容（图4–9）。

图4–9　嫁接苗存放与保湿

五、芽苗栽植

嫁接苗移植是油茶良种苗木培育中重要的一环，直接关系到苗木的成活与后期的生长，为了确保芽苗的移植成活率和促进苗木的快速生长，在生产方面应做好以下几点。

（一）淋水

移栽前一天打开容器苗床上的薄膜，将所有的育苗杯淋洒一次透水。

（二）打种植孔

栽前用筷子一端垂直插入育苗容器中央基质中，深度为8～9cm，按顺向（或反向）旋转成口径约0.8cm的小洞（图4-10）。

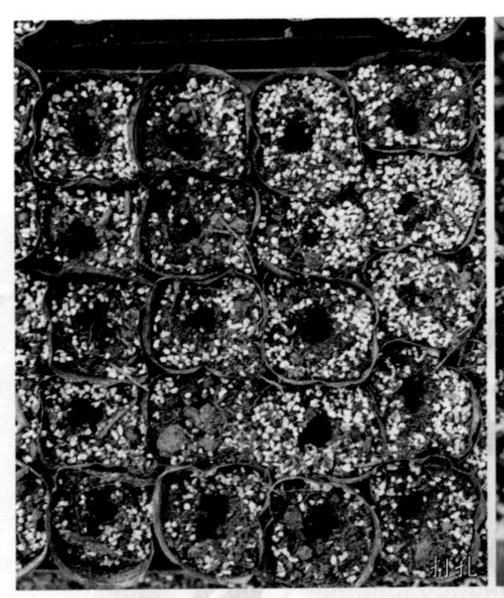

图4-10　打孔栽植

（三）移栽

不同品种嫁接苗最好分床移栽，若不分床移栽，则一定要做好标记，保证苗木品系清楚、纯正。移栽的方法为：将嫁接苗根部直接插入育苗容器中央基质小洞中，芽苗胚芽段砧嫁接苗所带种子或芽苗胚根段砧的嫁接位（缚扎部位）刚好位于基质表面以上，每个育苗容器移苗1株。

（四）浇定根水与淋药

将嫁接苗插入容器基质后，用莲蓬头淋足定根水，再浇一次促进嫁接苗成活与生长的植物生长调节剂溶液，如可选用GGR6 30mg/L＋1BA 0.2～1.0g/L＋芸苔素内酯 0.14～0.28mL/L的药剂溶液，或其他有效药剂溶液。接着均匀淋一遍以下消毒灭菌药液之一：①30%甲霜恶霉灵水剂1200～1500倍液；②50%多菌灵可湿性粉剂700～800倍液；③75%百菌清可湿性粉剂600～700倍液；④其他广谱性杀菌剂稀释溶液（图4-11）。

图4-11　浇水与淋药

（五）盖膜

在苗床上架设用钢筋、竹片、PVC线管或钢丝等材料制成的拱形支架，支架两端跨苗床插入苗床的两侧，拱高50～60cm，支架间距100～120cm，其上加盖厚为0.014～0.030mm的无色塑料薄膜，覆膜后四周基部用土将膜压实，成为保湿、保温小拱棚，棚内放置1支温湿度计；同时结合压膜将步道修成深为10～15cm的排水沟，使沟底平顺，与两头排水沟相通（图4–12）。

图4–12　搭拱盖膜

（六）标签标记

移栽时，将无性系（品种）标签挂于拱形支架上，并在苗床上做好标记，同时在苗床分布图上记录各个无性系嫁接苗位置，无性系标签、标记与分布图三者应一一对应，防止无性系混乱。标签、标记上记录内容应包括品种名称、穗条来源、嫁接日期等。

第五章

苗木培育技术

一、愈合期管理

（一）保湿

嫁接苗移栽盖膜后，应保持床面湿润及小拱棚处于密封状态，使小拱棚内相对湿度保持90%以上。塑料薄膜上密布水珠时，说明拱棚内水分处于饱和状态；当拱棚内湿度不足时，则需要适当补水，此时应于早晚打开薄膜，对苗床淋水或喷水，同时也要注意保持育苗基质湿润，喷水后继续覆膜保湿。

（二）降温

保持小拱棚内温度低于38℃，如超过此温度，可通过在拱棚薄膜

图5-1　弥雾降温

外喷水、在拱棚上方加盖遮阳网或打开小拱棚两头背风面侧边等方式来降低棚内温度（图5–1）。

（三）病虫害防控

每2～3天需要检查移栽的嫁接苗木是否有感病、发生病虫害的情况，并及时喷施相关的防治药剂，即使无明显的病虫害发生，也可每周揭膜喷洒广谱性的药剂进行预防（图5–2）。

图5–2　喷药防治

二、揭膜

根据天气情况与嫁接苗生长情况，按先揭拱棚两头、后揭拱棚侧边的顺序逐步揭膜。移苗60天以后，嫁接口完全愈合，有50%以上嫁接苗接穗萌芽抽梢时，可开始揭膜。于晴天傍晚或阴天，打开拱棚两头薄膜进行通风，次日8时前关闭；5～7天后可于相同时间打开拱棚侧边进行通风，次日相同时间关闭拱棚，按此方法连续重复4～6天后，即可揭去全部薄膜。

揭膜后，保持育苗基质湿润，适宜的基质含水量为基质饱和含水量的81%～90%，可根据天气与基质湿度情况适时喷水，每次喷水至湿透育苗容器中全部育苗基质为度。生长后期应适当减少水分供应。整个生长期都应及时排除圃内积水，并保持圃地地下水位＞1.5m。

三、除萌

除萌是指除去嫁接砧木上萌发出来的新梢，嫁接苗移植30天左右即需要进行第一次除萌，此时的接穗和砧木还处于愈合阶段，萌条会消耗大量的营养物质和水分，不利于接穗和砧木的愈合和嫁接苗的生长发育，剪掉萌条，减少了营养物质和水分的损耗，可促进接穗与砧木的愈合，加快接穗的抽梢和生长。对砧木除萌时，可同时除去圃中死亡植株、病叶、枯枝、落叶以及石头等杂物，将杂草、杂物移出圃外，保持苗圃清洁（图5-3）。

四、抹花芽

很多嫁接穗条在嫁接之前已经有花芽原基，随着苗木培育花芽逐步变得明显，最后形成花，花芽的发育会抑制叶芽的生长。因此应当结合除草除萌，及时抹除花芽、保留叶芽。但是在操作过程中应当注意花芽和叶芽的区别，以防误把叶芽抹除。如果暂时不能识别花芽，可待其继续膨大到容易识别时去除（图5-4）。

图5-3 除萌的过程

图5-4 花芽（右侧膨大者）和除草

五、除草

杂草生长旺盛，容易影响油茶幼苗的光合作用，并与嫁接苗争夺养分、水分，此外杂草过多容易滋生病虫害。因此，除草应掌握“除早、除小、除了”的原则，在容器基质、床面与步道湿润时，人工连根拔除杂草，使容器内、床面和步道上长年无杂草；除草时应避免伤及嫁接苗，建议不采用化学药物除草。

六、水肥管理

应掌握“勤施、薄施、液施”的原则，揭膜后一周开始追肥，淋施0.2%的尿素水溶液，每10～15天一次，连续2～3次。之后改为淋施浓度0.3%～0.5%的复合肥水溶液或用水溶性复合肥与水溶性有机肥按1∶1体积比配成浓度为0.4%～0.5%的水溶液，或稀释10～15倍并经充分腐熟的人畜粪便、沼肥等有机液肥，每15–20天一次；施用浓度应以不伤苗为宜。

施肥可与喷灌相结合。每次淋肥后应及时用清水冲洗幼苗叶面；施肥时间以阴天或晴天傍晚为宜，不宜在午间高温期间施肥。除淋施液肥外，可在傍晚叶面喷施0.2%～0.3%磷酸二氢钾水溶液，以喷施叶背为主，每月1～2次；或喷施广谱型商品叶面肥，使用浓度与次数等按说明书执行。

七、光照调节

嫁接苗生长期保持荫棚遮光度为70%，但9月份气温降低后，应逐步拆除荫棚上的遮阳网。起初于晴天傍晚或阴天，先掀起荫棚四周遮阳网；5～10天后拆开荫棚顶部遮阳网，顶部开口面积相当于总面积的

1/4～1/3为宜，使部分光照从拆开的网口直射圃内，次日9时以前关闭开口；如此连续10天左右可拆除全部遮阳网。

八、大规格苗木培育

油茶容器大苗具有栽植成活率高、不缓苗且生长快速、投产期短等优点，因此成为现在油茶造林的主流，市场上油茶容器大苗供不应求。另外，油茶容器大苗的根系十分发达，抗干旱、耐瘠薄，在一些立地条件较差的地块，容器大苗基本上能够做到一次造林一次成活，大大提高了造林成活率，具有很强的优势（图5–5）。

图5–5　大规格苗木培育

（一）换杯

1. 育苗基质

容器大苗对养分、水分等需求较大，填充基质用量高，因此基质成分宜选择养分含量较高、稳定性较好、价格较为便宜的成分，以利于苗木的长期生长和成本降低。各地应根据当地的实际情况确定基质材料，在育苗条件好、管理跟得上的地方，可偏重较轻的基质，否则宜选择较重的基质。与油茶容器小苗相比，容器大苗在选择育苗基质时应酌情增加当地土壤成分含量，如黄心土、森林表土或园土，这样可以降低育苗成本。

2. 换杯

油茶容器大苗换杯前，根据培育品种的特点选择好容器类型和规格；换杯时一定要将营养杯（袋）的基质装满装实，否则浇水后，就会因为土装不满而出现营养杯（袋）不满的情况；如果基质较轻，浇水以后出现袋子里的营养土下陷的现象，可让工人进行找补，适当添加基质。需要注意的是装杯过程中，将杯中基质轻轻抖动晃实即可，切不可将基质压得过紧过实，否则会影响基质的透气透水性能，同时也不利于油茶根系的生长和增加（图5–6）。

图5–6 换杯（1）

图5-6　换杯（2）

图5-6　换杯（3）

油茶大苗换杯过程中注意不要损伤苗木根系，如果换杯前为无纺布袋繁育的小苗，可以连同无纺布杯袋一并装杯；如果为塑料容器杯，则小心将容器剪开取出苗木，使苗木根系在容器中充分的伸展，不能出现窝根的情况，一旦窝根，苗木虽然暂时不会死亡，但是一两年之后，窝根的苗木会生长不良甚至死亡（图5-7）；如裸根苗换杯时，应当用打泥浆，配制生根粉、低浓度的尿素等进行蘸根，以全部根系被泥浆覆盖为宜（图5-7）。最后，一定要及时浇透定根水，也可配制部分杀菌剂同时浇灌。

图5-7　大规模容器苗换杯

（二）大规格苗木管理

1. 油茶容器大苗的摆放

油茶容器大苗的摆放应根据苗木规格、培育年限等设定株行距，对于大规格容器苗，由于移动较困难，应留足苗木生长空间。培育2～3年生油茶苗木可选择规格相对较小的容器，可以轻易搬动且不需要过多考虑预留空间，便于集中管理；根据所用容器和当地具体情况可采取地面、半埋和全埋 3种方式摆放容器大苗，不同摆放形式会对苗木管理强度和控根效果产生一定程度的影响（图5–8）。采用半埋和全埋摆放方式的容器苗，可减少苗木的管理强度，增强苗木抵御外界环境的缓冲作用，但却弱化了苗木的控根作用。采用地面摆放的容器苗，宜放在地势平缓的圃地，避免浇灌时水肥偏流，更要防止植株倒伏。为达到较好的控根效果，一般在生产区域先铺上碎沙石或地布，再摆放上容器，容器之间需要挤紧，避免缝隙，这样做的好处在于苗木的控根效果好，根系发达；不利之处在于容器易倒落，易受环境胁迫，管理强度大。

2. 油茶容器大苗肥水管理

油茶容器大苗肥料需求量较大，但根系集中在有限的容器内，因而适合选用缓释性肥料，不仅提高肥料的利用率，还减少施肥强度，变多次施肥为一次或少次施肥，现在市面上有很多木本植物的苗木专用缓释肥，效果都比较好。大规格苗木适宜变大水浇灌为滴灌等节水方式灌水，并注意结合平时浇水，配合施用水溶性肥料、功能性肥料等，不仅有利于苗木生产，还大大降低成本（图5–9）。

3. 油茶容器大苗炼苗

油茶大规格苗木出圃前1～3个月，可通过调节光照强度进行炼苗，

图5–8　大苗的摆放方式

提高苗木的抗逆性。光照调节主要通过减少遮光度来进行，首先可减少遮阳网的层数，然后再改用遮光系数小的遮阳网，最后全部拆除遮阳网，使苗木在全光照下生长发育；炼苗程度以出圃前叶片表面光泽明显减退，呈均匀的淡黄绿色，而不出现叶片灼伤症状为宜。苗木生长一段时间，不能及时售出时，可以按苗木高、矮等分别重新摆放，同时可适当加大苗木容器间距（图5-9）。

图5-9　大苗的水肥管理

九、主要病虫害防治

苗木的病虫害发生记录高，一定要加强病虫害防治的管理，预防病虫害的发生。病虫害防治内容请参考本系列丛书《油茶病虫害防治技术》分册。

十、苗木分级和出圃

（一）调查分级

油茶轻基质容器苗按照《油茶苗木质量分级（GB/T 26907）》和《容器育苗技术（LY/T 1000–2013）》要求抽样检测，检测内容及方法见第六章。苗圃需要按照检测结果对苗木进行整改，包括除杂、除萌、小规格苗木清理等，直至达到出圃标准。

（二）苗木出圃

苗木质量符合GB/T 26907的规定时，即可出圃。出圃前参照LY/T 2680的相关规定喷药防治病虫害；起苗前剪除不稳定新梢，起苗后剪除穿出容器的根系。并按照规定签订合同，完成建档工作，详见第六章。

十一、主要栽培品种的苗木鉴别

在苗木生产和购置过程中，能够鉴别苗木品种不仅利于生产管理，也能防止购买到假苗。《全国油茶主推品种目录》规定了各省（区、市）的主栽品种，很多品种容易造成混淆，因此要注意品种的典型识别特征（图5–10），同时也可向品种选育单位或者林业主管部门求证。

图5–10　3个油茶良种苗

第六章

苗木生产经营档案管理

一、需要了解的法律法规及标准

随着新修订的《中华人民共和国种子法》等法律法规的出台，为加强油茶种苗质量管理，确保油茶产业健康发展，苗圃档案管理越发显得重要。做好苗木生产经营档案管理，首先要了解相关的法律法规，目前涉及的法规和主要标准包括《中华人民共和国种子法》《林木种苗生产经营档案》《林木种子质量管理办法》《湖南省油茶种苗质量管理办法》《林木种子包装和标签管理办法》《湖南省林木种苗检验证和标签管理办法》等。在掌握法律法规的基础上，才能做好苗木生产经营档案的管理工作。

二、油茶苗木生产单位应具备的基本条件

根据相关规定，进行油茶苗木生产需要具备一些基本条件，如《湖南省油茶种苗质量管理办法》中规定，油茶苗木生产单位应具备以下条件：①土地权属清楚，具有法人资格；②管理规范，规模经营，育苗地面积不小于1.5hm^2；③交通便利，土壤肥沃，适宜于油茶苗木生长，无检疫对象；④具有相对稳定的专业技术人员、种苗质量检验人员、管理人员和相适应的生产设施及质量检验设备；⑤选用油茶采穗圃、杂交种子园生产的良种穗条、种子并分品系育苗；⑥具有省级林业主管部门委托市州林业主管部门核发的林木种子生产经营许可证；⑦取得品种选育单位的授权；⑧法律法规规章规定的其他条件。

三、苗木生产经营档案

1. 苗圃基本情况

油茶苗圃的基本情况主要包括苗圃名称、地点、面积、投产年份、

年均产苗量、基地性质、法人代表、技术负责人、油茶品种名称、来源、良种审定情况等，苗圃负责人要认真填写《油茶良种苗木定点育苗基地基本情况表》（表6-1）。

表6-1　油茶良种苗木定点育苗基地基本情况表

填写日期：　　　　　　　　　　　　　　填写人：

基地名称			
生产地点			
生产面积	亩	投产年份	
年均产苗量	万株	生产经营许可证号	
法人代表		技术负责人	
当前品种情况			
序号	品种名称	品种来源	良种证书号或品种审（认）定文件号

注：基地性质按国有、集体、个体、股份、其他等项填写。

2. 林木种子生产经营许可证

根据新修订的《中华人民共和国种子法》的规定，将林木种子生产许可证和经营许可证两项许可合并为林木种子生产经营许可证，从事林木种子经营和主要林木种子生产的单位和个人，应当向县级以上人民政府林业主管部门申请林木种子生产经营许可证，按照林木种子生产经营许可证载明的事项从事生产经营活动。因此在苗木生产之前，需要根据各地的具体要求申请林木种子生产经营许可证，相关材料的准备可以查阅相关文件，也可向当地林业主管部门咨询。一般油茶苗木生产经营许可证应当向所在地市级人民政府林业主管部门提出申请，经市级人民政府林业主管部门审核发放。

3. 良种证明资料

良种证明资料包括油茶穗条生产单位的良种证书复印件、“林木良种质量合格证”、穗条标签和“油茶采穗圃良种穗条销售凭证”，其中良种证书指通过国家或省林木品种审定委员会审（认）定后所发的林木良种证书或林木良种审（认）定文件，由油茶采穗圃提供给育苗单位存档；穗条“林木良种质量合格证”指调入穗条的“林木良种质量合格证”，由育苗单位存档；穗条标签是由穗条生产单位提供，记录穗条品种生产信息等（见《湖南省林木种苗检验证和标签管理办法》）；“湖南省油茶采穗圃良种穗条销售凭证”在购买穗条时由穗条生产单位签发提供给育苗单位。

4. 穗条“植物检疫证书”和苗木“产地检疫合格证”

苗圃调入穗条时，由油茶良种采穗圃提供“植物检疫证书”，供育苗单位存档；苗圃繁育的苗木则需经过林业检疫部门进行产地检疫，发放“产地检疫合格证”（有效期为6个月），产地检疫应上半年一次、下半年一次；其中一年生大田苗、二年生大田苗、一年生轻基质容器苗、二年生轻基质容器苗均要有产地检疫合格证，要分门别类填写，每次检疫可填在一份“产地检疫合格证”中（分几栏填写）。苗木调往外县时凭“产地检疫合格证”签发“植物检疫证书”，苗圃提供“产地检疫合格证”复印件给本县购苗单位或个人。

5. 苗木自检以及苗木“良种苗木质量合格证”

苗圃应对所育油茶苗木进行分级、自检，一年生油茶嫁接圃地苗（大田苗）至少调查3个样方，每个样方面积1m^2，实测样方内苗木数量，分别记录良种苗、砧木苗（实生苗）、萌芽苗株数，计算苗木密度，结果填入“一年生油茶嫁接苗质量调查表”；一年生油茶轻基质容器苗按照《油茶苗木质量分级（GB/T 26907—2011）》要求抽样检测，每个样方检测100株（至少调查3个样方），结果填入“苗木质量调查记录表”（表6–2）（抽样检测前要进行苗木质量分级，不合格苗留着培育二年生容器苗），填写“油茶苗木质量检验证书”。二年生油茶嫁接留床大田苗按照《油茶苗木质量分级（GB/T 26907）》要求抽样检测，每个样方检测100株（至少调查3个样方），同时，在1个样方内随机调查5株测量根系，结果填入“苗木质量调查记录表”，填写“油茶苗木质量检验证书”；二年生油茶嫁接轻基质容器苗按照《容器育苗技术（LY/T 1000）》要求抽样检测，每个样方检测100株（至少调查3个样方），结果填入“苗木质量调查记录表”，填写“油茶苗木质量检验证书”。自检完成后，填写“年度油茶苗木自查情况统计表”，并撰写苗木质量自查报告。苗木销售时应附“油茶苗木质量检验证书”，由购苗单位存档（供造林地苗木质量检查档案时使用）。

“一年生油茶嫁接苗质量调查表”“苗木质量调查记录表”和“油茶苗木质量检验证书”是检查是否进行了质量自检的主要依据。同时，生产经营单位必须有《油茶苗木质量分级（GB/T 26907）》、《容器育苗技术（LY/T 1000）》（开展轻基质容器育苗的单位）苗木标准或复印件（可单独保存，不装入档案），没有苗木标准的视为未进行自检；苗木经过检验员进行质量检验合格，签发“良种苗木质量合格证”，检验单位盖章，由育苗单位提供给购苗单位存档（供造林地苗木质量检查档案时使用）。

图6–1　油茶苗木抽检

表6-2　苗木调查记录表

树种：____　苗木种类：____　苗龄：____　苗木总量：____，抽样数量：____株
抽样地点：苗圃地［　　］假植地［　　］造林地［　　］运输途中［　　］
被抽查单位：________________________________
圃地管理情况：杂草［　　］病虫害［　　］其他［　　］
使用标准：________________________________
定点育苗：是□　否□　分系育苗：是□　否□　实生苗：____%　未除萌苗：____%

株号	地径cm	苗高cm	根系长cm	Ⅰ级侧根数	判定				株号	地径cm	苗高cm	根系长cm	Ⅰ级侧根数	判定			
					Ⅰ级苗	Ⅱ级苗	合格苗	不合格						Ⅰ级苗	Ⅱ级苗	合格苗	不合格
1									26								
2									27								
3									28								
4									29								
5									30								
6									31								
7									32								
8									33								
9									34								
10									35								
11									36								
12									37								
13									38								
14									39								
15									40								
16									41								
17									42								
18									43								
19									44								
20									45								
21									46								
22									47								
23									48								
24									49								
25									50								
本页小计					Ⅰ级苗				Ⅱ级苗					合格苗			

被抽查单位负责人（签字）：　　　　测定人（签字）：
被抽查单位盖章：　　　　　　抽查时间：　年　月　日

6. 生产、经营记录

生产记录：包括嫁接的时间和数量、穗条品系、采穗地点（来源）、穗条数量，预计可出圃数量和时间等，填写“年度油茶良种苗木生产情况表”（表6–3）；苗木生产管护（除草、除萌去杂、施肥、灌溉等）、病虫害防治等其他生产情况填写“苗木（种子）生产管理日志”（表6–4）。

表6–3 年度油茶良种苗木生产情况表

单位名称： 填表人：

嫁接时间	嫁接数量	品系名称	采穗地点	穗条数量	采穗时间	育苗面积（亩）	育苗方式	预计出圃数量	可出圃时间

注：①每个品系填写一行。②育苗方式指大田苗或轻基质容器苗。

表6–4 苗木（种子）生产管理日志

填表单位： 填表人：

序号	作业日期	天 气	生产管理环节和作业参数
1	月 日	晴□ 阴□ 雨□ 雪□	
2	月 日	晴□ 阴□ 雨□ 雪□	

经营记录包括：包括销售时间、苗木品种、苗龄、销售数量、销往何处等。销售情况填写“年度油茶良种苗木销售情况表”。

表6–5 年度油茶良种苗木销售情况表

填表单位： 日期： 年 月 日

序号	销售日期	品种名称	苗木类型	销售数量	购苗单位	联系电话

苗木购销合同：苗木购买、销售均应签订合同。合同内容包含供方和需方及住所、品种、数量、苗木质量等级、价格、签订时间等信息。缺少交易双方当事人名称或者姓名和住所、品种、数量、质量要求的，视为不规范。存档合同为上年底苗木检查验收建档后至当年春季签订的苗木销售合同、当年冬季建档前签订的预订合同。

种苗标签：购买的穗条要有种子标签（绿色），由穗条销售单位提供给育苗单位存档。圃地苗木应备有苗木标签。销售的苗木应附有苗木标签，提供给购苗单位（供造林地苗木质量检查档案时使用）。

7. 其他材料

其他材料包括分系育苗定植图（圃地内还要树立品种标识牌）、穗条调出单位生产经营许可证复印件、文件资料、技术资料、工作计划、工作总结、声像资料等与苗木生产经营相关的各类材料，也要一并存档。

（1）销售合同复印件、销售凭证、质量合格证、检疫证书、标签等非规整纸张粘贴于A4纸上，在纸张上方打印内容标题，便于装订。

（2）档案资料分年度建档，要编写目录，装订成册，在纸张右上角用铅笔编写页码。封面用蓝色仿皮纹纸或皮纹纸，所有材料最好胶装。在建立纸质文档的同时建立电子文档。

（3）有关调查表、日志表、签名应当手工填写的不能打印（其他能打印的最好打印），手工填写时要使用钢笔、不能用铅笔（否则视为不规范）。

（4）档案应有固定的保存地点或位置。